天 空 的 礼 物
来 自 大 自 然 的 仿 生 发 明

献给充满好奇的阿德里安娜。
——贡萨洛·维亚纳

TIAN KONG DE LI WU LAI ZI DA ZI RAN DE FANG SHENG FA MING

天空的礼物　来自大自然的仿生发明

〔英〕哈里雅特·埃文斯 著　〔葡〕贡萨洛·维亚纳 绘　唐靖 译

出版人　杨旭恒

选题策划	禹田文化	版权编辑	张烨洲
责任编辑	李　政	装帧设计	尾　巴
项目编辑	孙　硕		

出　　版	晨光出版社			
地　　址	昆明市环城西路 609 号新闻出版大楼	印　次	2023 年 10 月第 1 次印刷
邮　　编	650034	开　本	260mm×260mm　12 开
发行电话	（010）88356856　88356858	印　张	4
印　　刷	凸版艺彩（东莞）印刷有限公司	ISBN	978-7-5715-1995-7
经　　销	各地新华书店	字　数	89 千
版　　次	2023 年 10 月第 1 版	定　价	68.00 元

图书在版编目（CIP）数据

天空的礼物：来自大自然的仿生发明 /（英）哈里
雅特·埃文斯著；（葡）贡萨洛·维亚纳绘；唐靖译
.—昆明：晨光出版社，2023.10
ISBN 978-7-5715-1995-7

Ⅰ.①天… Ⅱ.①哈… ②贡… ③唐… Ⅲ.①仿生 -
儿童读物 Ⅳ.① Q811-49

中国国家版本馆 CIP 数据核字（2023）第 078195 号

First published in Great Britain 2020 by Little Tiger, an imprint of
Little Tiger Press Limited
Text copyright © Little Tiger Press Limited 2020
Illustrations copyright © Gonçalo Viana 2020
Original title: IN THE SKY

著作权合同登记号　图字：23-2023-047 号

天 空 的 礼 物

来自大自然的仿生发明

〔英〕哈里雅特·埃文斯 著　〔葡〕贡萨洛·维亚纳 绘　唐靖 译

晨光出版社

目录

引言

　　从古至今，科学家们从大自然中获得了无数灵感。那些数不清的动物和植物，历经了数百万年之久的进化过程，身怀令人赞叹的绝技。在大自然的优胜劣汰中，一些物种灭绝了，但是那些经受住了大自然考验的物种，仍然在不断地进化，不断地适应环境。

　　比如那些在天空中飞翔的生物和把枝丫伸向天空的树木，给了我们无数灵感，启发我们创造出新的机械和发展新的技术。从人类第一次尝试制造飞行器，到速度快如闪电的互联网，很多今天我们习以为常的技术其实都源于大自然。读完这本书，相信你一定能对仿生发明有比较全面的认识。如果你觉得有些词语很深奥，那么翻翻"术语园地"，那里的解释或许能让你豁然开朗。

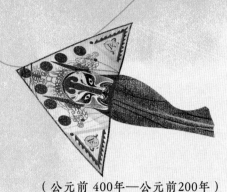

（公元前 400年—公元前200年）

中国风筝

中国人发明的风筝，是人类模仿鸟儿飞行的最早尝试之一。

（1452—1519 年）

列奥纳多·达·芬奇

意大利画家列奥纳多·达·芬奇设计了扑翼机，这是一种飞行器，能像鸟儿那样扇动翅膀。遗憾的是，他认为就算这种扑翼机真的能被制造出来，也派不上什么用场。

（1853 年）

大型滑翔机

世界上第一架有成年人乘坐的滑翔机是由英国发明家乔治·凯利发明的。据说凯利制造出滑翔机后，命令他的车夫去试驾。车夫被迫试驾后立刻就辞职了，毕竟自己是被雇来开车的，而不是来开滑翔机的！

人类的飞行史

几千年来，人类始终在仰望天空，寻找灵感。早在公元前 400年左右，人类就开始模仿鸟类制造飞行器；时至今日工程师们也还在向大自然学习！

（1903 年）

莱特兄弟

在鸽子的启发下，美国人威尔伯·莱特和奥维尔·莱特兄弟俩设计发明了"飞行者一号"，这是人类历史上第一架试飞成功的动力飞机。

你知道吗？

一只绵羊、一只公鸡和一只鸭子曾在法国凡尔赛宫的上空飞翔！这可不是什么玩笑话。实际上，该事件发生于1783年。当时，纸张制造商米歇尔·孟戈菲和艾蒂安·孟戈菲正在测试他们发明的热气球，而前面提到的这三只动物就是最早的"乘客"。

（未来的飞机）

"零排放"喷射机

这种飞机的设计灵感源于斑尾塍鹬（chéng yù）。斑尾塍鹬保持着鸟类不间断飞行距离的世界纪录，它能从阿拉斯加一路飞到澳大利亚。虽然"零排放"喷射机还处于设计阶段，但也许在不远的未来，这种飞机真的能变成现实，无需中途加油，就能进行长途旅行。

第一架客机诞生于20世纪初，但直到20世纪50年代，美国人才比较普遍地乘飞机出行，因为刚开始有客机时机票价格太昂贵了。

（2013年）

空中客车 A350XWB

这种飞机的机翼翼尖就像鸟儿的翅膀一样可以上下弯曲，能让飞机飞得更快。

（1969年）

协和式飞机

这是世界上第一种超音速客机，其速度约为2472千米每小时。

（1914—1918年和1939—1945年）

两次世界大战

在两次世界大战期间，科学技术取得了飞跃的进步！飞机的飞行速度变得越来越快，操纵起来也更加方便。

像鸟儿那样飞

身体是在移动还是处于静止，这取决于推力和拉力的作用。这两种力影响着世界上所有的事物，就连那些在空中飞翔的鸟儿和飞行器也摆脱不了。任何做匀速直线飞行运动的物体，均受以下这些力的影响：

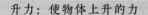
升力：使物体上升的力

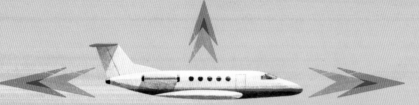

空气阻力：也称阻力，
阻碍物体前进的力

推力：推动物体前进的力

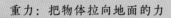
重力：把物体拉向地面的力

向下的气流

模仿鸟儿的翅膀

许多飞机的机翼就像鸟儿的翅膀一样有弧度，所以当空气流经机翼时，会被"劈成"两半，机翼下方的空气比上方多，使机翼下方的压强大于上方的压强，从而产生了向上的升力。

飞机相对于空气的运动速度越快，产生的升力就越大。

6

平滑的飞行

鸟儿的羽毛非常顺滑，使身体呈流线型，能减少空气阻力，从而飞得更快。同样地，飞机也是用光滑的金属做的，这是为了能尽可能地减少空气阻力。当飞机在飞行时，会把轮子和起落架收起来，就像鸟儿在飞行时把脚爪藏在身体下方一样。

光滑的羽毛

把脚爪收起来

排成人字队飞行

注意队形！为了节省体力，鸟儿排成人字队飞行。当飞在前面的鸟儿的翅膀在空中划过时，会产生一股微弱的上升气流，飞在后面的鸟儿就可以"乘着"这股气流，从而节省体力。鸟儿们还会经常变换位置，这样一来，大家都能节省体力，不至于过度劳累。

全世界所有的空军在飞行时，都要求编队飞行，如像大雁的一字编队、人字编队等。

新干线与鸟儿们

轰隆隆！1990年，当日本的新干线列车以210千米每小时的速度驶出隧道时，那震耳欲聋的响声，听上去就像巨大的枪声。幸运的是，工程师中津英治是一位鸟类爱好者，为了找到解决新干线噪声的办法，他把目光投向了那些长着羽毛的"朋友们"……

一连串的思索

当火车在疾驰时，会将一部分能量以声音的形式传递给空气。为了减少噪声，中津英治必须让列车的外形变得更具流线型，尤其是受电弓——连接列车和高架电缆的那个设备。

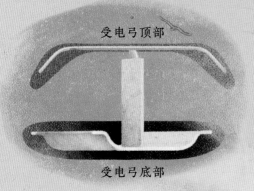

受电弓顶部

受电弓底部

让它滑起来

中津英治从阿德利企鹅身上找到了灵感。阿德利企鹅的身体滑溜溜的，使它能以非常快的速度从雪地上和水中划过，还不会发出什么声响。中津英治利用这个灵感很巧妙地改善了受电弓底部的设计。

猫头鹰的翅膀

中津英治模仿猫头鹰的羽毛来改善受电弓顶部，因为猫头鹰的边缘如同梳齿的羽毛，能将掠过翅膀的空气分解成无数微小的气流，这使得它们飞行时悄无声息。

王者风范

翠鸟扎入水中捕鱼。为了能尽可能快速地进入水中，翠鸟的喙必须呈流线型，它那又滑又尖的喙是刺穿水面的绝佳利器。中津英治参照翠鸟的喙设计了子弹头列车，从而有效地解决了列车冲出隧道时产生巨大噪声这个大难题。

自 1964 年开始运行以来，日本新干线列车发送乘客已超过 100 亿人次了！

一飞冲天，飞向无限！

除了飞机和火车，还有其他一些交通工具也受到了飞行生物的启发。正是天空给予的这些灵感，让人们创造出了那些超乎厉害的工具，使我们既能潜入深海，也能飞往宇宙深处。

火星蜜蜂

当大卫·鲍伊演唱那首著名的《火星上有生命吗？》时，他可能没想到，答案竟然会牵涉到蜜蜂。NASA（美国航天局）正在研发小型昆虫机器人——火星蜜蜂，计划将它们送往火星，去寻找甲烷这种气体，以证明生命的存在。火星蜜蜂的身体就像大黄蜂那样大，拥有蝉那样的翅膀，这些新型机器人的行进速度将比目前正在使用的"太空漫游者"更快。

翼装飞行与鼯（wú）鼠

鼯鼠的手腕和脚踝上都长着一层特殊的膜，它们伸展四肢，便可以在丛林里滑行。这样的身体构造能增加下滑阻力，使它们可以减速落向地面。人们模仿鼯鼠，在翼装的双腿间和腋下填满充气织物，使穿翼装的人在跳伞或定点跳伞时能增加与气流接触的面积，从而可以延迟在空中驻留的时间，实现无动力滑行。

降落伞与蒲公英种子

蒲公英种子飞翔时，身上毛茸茸的冠毛会形成一个环状气泡，就像漩涡一样。这个环状气泡能增加种子下滑的阻力，减缓种子下落的速度，使其在落地前飘行的距离可达 1 千米。蒲公英正是通过这种方式来传播种子的。研究人员正试图模仿蒲公英，制造出能在风中滑翔的环保无人机。

船帆和翅膀

帆船的帆，就像翅膀一样，只不过是换了个方向，变成垂直的而已——它们都使空气从弯曲的物体表面流过。

直升机与蜂鸟

蜂鸟最快可以每秒拍打翅膀 80 次，以保证自己悬停在空中，好从花朵中吸食花蜜。据说，"直升机之父"伊戈尔·西科斯基设计直升机的灵感就来自蜂鸟。

模仿树木的超级建筑

有时候，城市又被称为"混凝土森林"，那些巨大的建筑随处可见，它们高耸入云，去争抢有限的阳光和空间。虽然我们不太可能看到猴子在屋顶上荡来荡去，但是建筑与树木相似的地方，远超我们的想象。接下来，我们就来瞧一瞧，建筑大师们是如何向大自然学习的吧！

如同树枝的斗拱

在中国传统古建筑中，斗拱是十分常见的部件，它由木头相互交错而成，能帮助柱子支撑屋顶。斗拱的功能跟树枝很像——它们的承重能力都很出色。你知道吗？中国有一座带有斗拱的宝塔，名叫应县木塔，位于山西。这座塔自1056年建立以来一直屹立不倒，还安稳度过了好几次大地震。

斗拱

它既是树，又不是树，
被称为超级树！

这些超级树建于新加坡，它们高达25～50米，它们构成了"垂直花园"。钢铁铸就的"树干"上种植了植物。这些超级树能收集雨水，就像真正的树木那样吸收水分，有些"树冠"上甚至还安装了光伏电池，能将太阳能转化为光能。

光合作用

树木非常重要，因为它们的叶子能通过光合作用制造氧气。

二氧化碳和水在阳光的作用下，合成葡萄糖，给树提供能量。

叶子吸收阳光，才能进行光合作用。

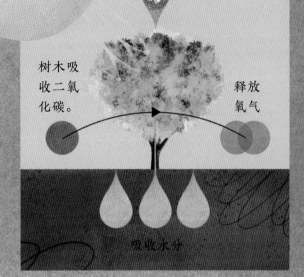

树木吸收二氧化碳。

释放氧气

吸收水分

向阳而生

为了尽可能多地吸收阳光，树木会将叶子充分舒展开。法国有一栋公寓，名叫白树，它就像一棵白色的大树一样，向阳而生。这栋公寓的阳台模仿了树叶的排列方式，参差交错，最大限度地利用了光线和空间。

树屋

越南建筑师在屋顶上种植树木。树木不仅能降低局部区域的气温，还能提升空气质量。

蜂巢和窗户

尽管昆虫很微小，但也给人类带来了很多灵感，帮人类巧妙地解决了许多建筑方面的难题等。下面这几个小故事，就充分展现了人类是如何向蜜蜂和蜘蛛"偷师学艺"的。

比蜂蜜还有用

蜜蜂是杰出的建造大师，它们用蜂蜡做成六边形蜂房，组在一起构成蜂巢。这些六边形蜂房组合起来很方便，而且能节省蜂蜡，存储空间还很大，能容纳足够多的蜂蜜和幼虫。因为六边形的空间利用率超高，所以我们在许多设计中借助了六边形的这一特点。

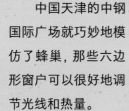

中国天津的中钢国际广场就巧妙地模仿了蜂巢，那些六边形窗户可以很好地调节光线和热量。

英国的一家公司专门生产六角形房间，他们可以根据客户的需求，随意组装，建成或大或小的屋子。

在斯洛文尼亚的城市伊佐拉，政府提供的福利住房也采用了六边形结构，被建成了蜂巢公寓楼。这种公寓既能遮阴，也能保护住户的隐私。

停!

好一块玻璃!

对蜘蛛来说,最不愿意看到的事莫过于精心编织的蛛网被鸟儿撞破。为了避免发生这种灾难,圆蛛进化出了一种鸟儿可见的蛛丝。用这种蛛丝织成的蛛网能反射紫外线,人类虽然看不见紫外线,但鸟儿能看见。

考虑到每年约有数百万只鸟儿因为撞上窗户而丧命,德国科学家借鉴这种蛛丝,发明了一种能反射紫外线的玻璃,安在窗户上。这样一来,鸟儿就不会那么傻乎乎地撞上窗户,一命呜呼了!

著名的纽约布朗克斯动物园也使用了这种玻璃。

取之不尽的绿色能源

从呼啸的风力涡轮机，到光滑的太阳能电池板，在不伤害地球的前提下，还有无数绿色能源可供人类利用。我们应该合理使用化石燃料，遵循大自然的规律。试问，谁不想一边晒着太阳，一边呼吸着新鲜空气呢？

你知道吗？

科学家正在研发人造树叶，使其能利用阳光，将水和二氧化碳变成燃料。

光 合 作 用

二氧化碳

阳光

氧气

葡萄糖

水

植物的食物

植物自给自足，它们生产糖分，养活自己。植物利用阳光，通过光合作用，使叶子吸收的二氧化碳和根部吸收的水分产生化学反应，合成葡萄糖，释放氧气。对植物来说葡萄糖就是超级可口的食物！

热门话题

瑞士科学家迈克尔·格兰泽尔受叶绿素启发，设计了一款新型太阳能电池板。叶绿素是植物体内的一种特殊物质，能帮助植物将太阳能转换为化学能。在昏暗的光线下，迈克尔·格兰泽尔设计的新型太阳能电池板比常规太阳能电池板效果更好。这种太阳能电池板主要是用二氧化钛制成的，二氧化钛价格便宜，可作为各种小型电子产品的电源。

不惧狂风

棕榈树是迎风而立的超级勇士，每当狂风呼啸而过，棕榈树会弯曲树干，叶片也会"随风应变"，尽量躲开狂风带来的冲击。美国科学家们受棕榈树启发，设计了一种风力涡轮机，它的叶片会随着风向改变形状，就像棕榈树那样。通过这样的设计，人们可以生产更高的风力涡轮机，它们将产生巨大的能源——相当于美国目前所需能源的十倍！

萤火虫与照明灯

在电灯、LED 灯和霓虹灯诞生之前，人们会用那些不起眼的萤火虫作为照明工具，点亮黑暗。也许，今天的我们会觉得这些毫不起眼的小生物发出的光芒太微弱了，哪里比得上现代化设备呢？但是微小的萤火虫，仍在"照亮"我们的生活……

发光高手

萤火虫的发光是一种生物发光，由萤火虫腹部发光细胞里的化学物质与氧气发生化学反应形成。在这个过程中，萤火虫身体中的能量几乎 100% 变成了光。相比之下，一些灯泡在发光时，损失的能量甚至高达 90%！

闪闪发光

绝大多数夜行生物都喜欢躲在黑暗中，这样既能避开天敌，也便于捕猎。为什么萤火虫会发光呢？萤火虫之所以发光，是为了辨别彼此和寻找配偶。不同种类的萤火虫，还能发出不同的光。

你知道吗？

如果青蛙吃了萤火虫，身体也会发光呢！

萤火虫让灯更亮

灯泡发出的光线，会被灯罩挡住一部分。萤火虫也面临这样的问题。不过，人们发现萤火虫的腹部有一种锯齿状排列的鳞片，能提高亮度。后来，科学家在研发 LED 灯时，也借鉴了萤火虫腹部的这种构造，从而将发光效率提高了 55%，让灯变得更亮了！

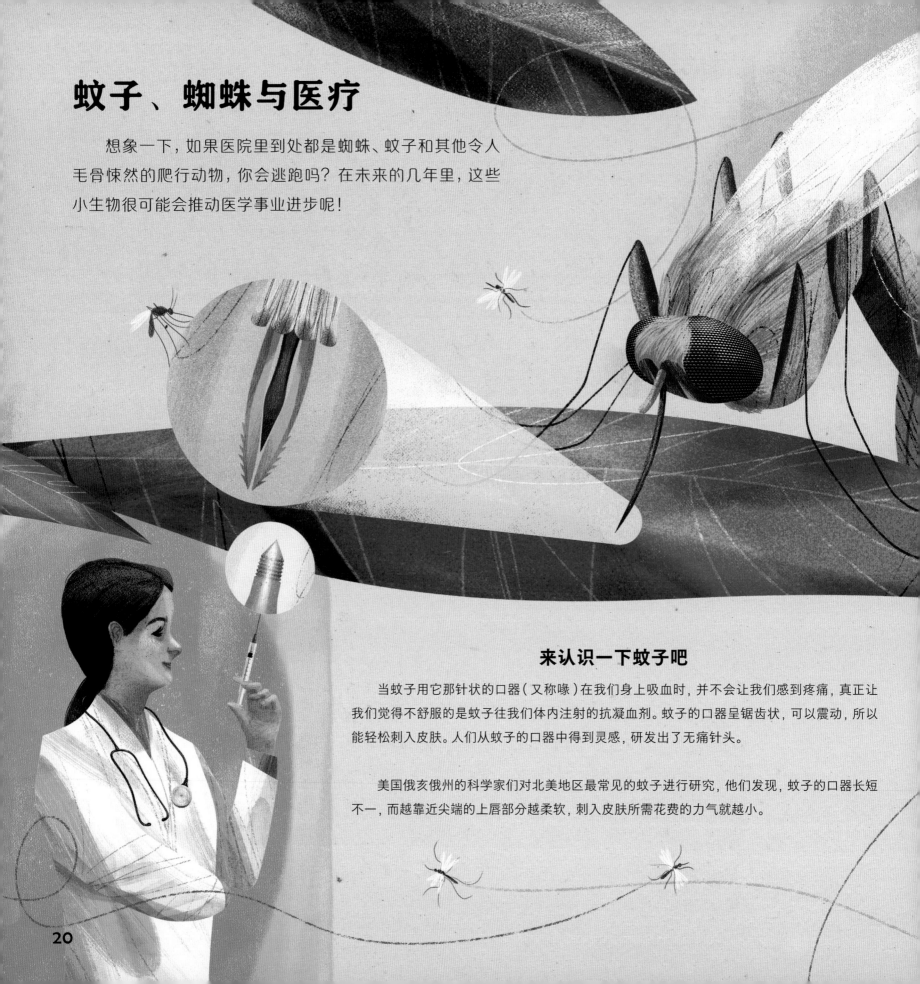

蚊子、蜘蛛与医疗

想象一下，如果医院里到处都是蜘蛛、蚊子和其他令人毛骨悚然的爬行动物，你会逃跑吗？在未来的几年里，这些小生物很可能会推动医学事业进步呢！

来认识一下蚊子吧

当蚊子用它那针状的口器（又称喙）在我们身上吸血时，并不会让我们感到疼痛，真正让我们觉得不舒服的是蚊子往我们体内注射的抗凝血剂。蚊子的口器呈锯齿状，可以震动，所以能轻松刺入皮肤。人们从蚊子的口器中得到灵感，研发出了无痛针头。

美国俄亥俄州的科学家们对北美地区最常见的蚊子进行研究，他们发现，蚊子的口器长短不一，而越靠近尖端的上唇部分越柔软，刺入皮肤所需花费的力气就越小。

你知道吗？

只有雌蚊才吸血，雄蚊是"素食主义者"，以植物为食。雌蚊为了产卵，需要补充蛋白质，而血液中富有蛋白质，所以它们会在怀孕时吸血。

棘手的难题

我们的皮肤有许多层，但对婴儿来说，最外面的角质层还没有完全发育。这意味着当医生给婴儿做检查时，如果撕掉那些粘在婴儿身上用来固定医疗设备的胶布，很可能会留下疤痕。为了解决这个难题，美国科学家设计了一种新型胶布。这种胶布的制造灵感来源于蜘蛛丝，蜘蛛丝只有部分区域带有较强的黏性，其它部分的黏性则较弱。这种胶布分为三层，顶层带黏性，底层不带黏性，中间层的黏性保持适中，使得底层能牢靠地粘合在皮肤上，且撕开的时候不至于伤及皮肤。

少有人知的小秘密

蜘蛛丝的成分是蛋白质，不会引发过敏反应，所以数千年来，人们一直用蜘蛛丝制作绷带。古希腊人会先用蜂蜜或醋清洗伤口，再用蛛丝绷带包扎伤口。

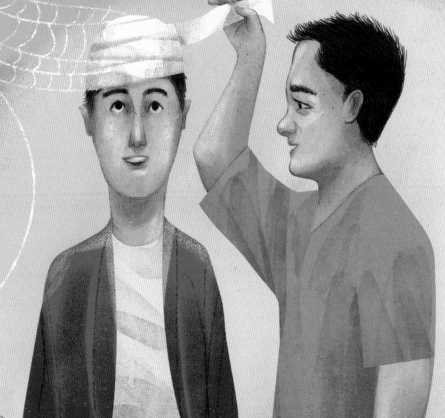

大眼睛有什么妙处？

通过昆虫的大眼睛，我们能用一种新的方式来认识世界。尤其是飞蛾，深深地启发了科学家们……

在夜色的掩护下

飞蛾的眼睛不会反射光线，所以当它们在夜色中飞行时，眼睛不会闪烁。这样也不容易被捕食者发现。

科学家们发现，飞蛾的眼睛上有细微的凹凸，所以不易反射光。这一发现被巧妙地用来解决手机屏幕反光的难题。

人们还把这个发现应用到太阳能电池板上，使太阳能电池板尽可能充分地吸收充足的光线，从而产生最大的效能。

如同飞蛾扑火

飞蛾绝佳的视觉还激发了 NASA（美国航空航天局）的科学家们的灵感，研发出了詹姆斯韦伯空间望远镜。它能捕捉热量，从而拍摄下来自宇宙的红外光，它能观测到第一代恒星发出的红外线。也就是说，飞蛾的眼睛间接地帮助我们看到了第一代恒星，以及银河系中心的黑洞！

昆虫与人类

如果拿人类的视力和昆虫的视力来比较，似乎很不公平。虽然人类和昆虫都拥有两只眼睛，但是昆虫的眼睛是复眼，是由成千上万只小眼紧密排列组合而成，每只小眼只能看见物体的一部分，整个眼睛看到的物体就像一个拼凑物。小眼数量越多，复眼的分辨率越高，视野通常越宽广。

因为拥有复眼，所以昆虫的视野要比人类的视野大得多。蜻蜓的视野甚至可达 360 度，能同时看到身前、身后的东西。不过，人类的眼睛也有强于昆虫眼睛的地方，那就是能看得更仔细、更清楚。

看！那美丽的飞翔精灵

一双色彩斑斓的翅膀，使蝴蝶成为昆虫界的"时尚达人"。长久以来，蝴蝶那美丽的翅膀让人类心动不已，所以人类早就想方设法地向蝴蝶"取经"了。

用光让色彩更绚烂

光看起来是白色的，但实际上，光就像彩虹那样，由不同的颜色组成。蝴蝶的翅膀为何是彩色的呢？原因之一在于，蝴蝶的翅膀上覆盖着成千上万的鳞片，鳞片中又含有各色各样的化学色素颗粒，这些化学色素颗粒密密麻麻地组合在一起之后，就变成了五颜六色的图案。而且蝴蝶的翅膀上有薄而透明的且为鳞状的脊，当光线通过翅膀时会发生折射和散射，从而产生更多丰富多样的颜色。

这些颜色会相互"干扰"，有的颜色相遇后变得更加鲜艳，有的颜色相遇后则直接抵消。所以，从不同角度去看蝴蝶的翅膀，会发现不一样的颜色。

当蝴蝶被蜘蛛网粘住时，翅膀上的鳞粉会脱落，使蜘蛛网失去黏性，从而让蝴蝶能顺利逃生。

放大的蝴蝶翅膀

你知道吗？

不同于人类，蝴蝶能看到紫外线，所以当蝴蝶看自己的翅膀时，它们能看到我们人类看不见的图案。

人类眼中的景象

蝴蝶眼中的景象

巧妙借鉴

美国设计师给电子产品设计了特殊的屏幕，这些屏幕能像蝴蝶翅膀那样使光线弯曲。这样一来，能提高屏幕的可见度，因为外部光线被巧妙地处理掉了，所以屏幕不会产生眩光。

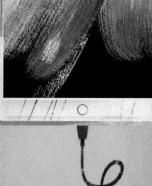

一起变得绚丽多彩吧！

人们研制出了能像蝴蝶翅膀那样变色的油漆和布料。不过，这项技术在应用上并不受欢迎，因为不能变色的油漆和布料更环保。

红珠凤蝶

蓝闪蝶连衣裙

用处越来越大

红珠凤蝶有可能掀起一场新能源革命。这种蝴蝶的翅膀能充分地吸收光线和热能，因为它的翅膀上具有纳米结构的孔，简称"纳米孔"，能更好地吸收光线。科学家们将这种纳米结构应用到太阳能电池板上，使其光线吸收率翻了一倍。

超强悍的生存本能

要想历经数百万年的考验繁衍至今，不管是动物还是植物，都必须具备过硬的本领才行。当我们想挑战自己的极限时，别忘了去向大自然"取经"。

超级大脑

为了觅食、与同伴交流或筑巢，有的啄木鸟每天要啄树木多达 12000 次。

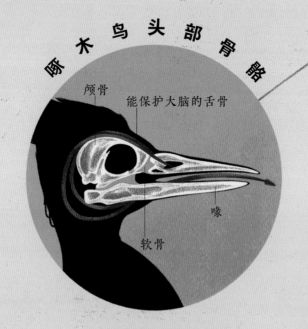

啄 木 鸟 头 部 骨 骼

颅骨

能保护大脑的舌骨

喙

软骨

天生的摇滚乐迷

与大多数鸟儿不同的是，啄木鸟的喙和颅骨是分开的，所以能承受啄树带来的巨大撞击。那海绵状的软骨将啄木鸟的喙和颅骨连在一起，能吸收掉啄木鸟在啄树木时产生的绝大部分冲击。

科学家借鉴啄木鸟的软骨的原理，研发出了一种新型自行车头盔，这种头盔的外壳下还有一层纸板，能更好地吸收外部冲击。这种头盔吸收冲击的能力是聚苯乙烯材质头盔的三倍。

你知道吗？

在炎热的一天里，一棵树通过蒸腾作用流失的水分多达上百升。

巧妙模仿蒸腾作用

水分从根部进入树木体内，然后被输送到所有树枝里，再通过叶片蒸发掉，这个过程就叫蒸腾作用。蒸腾作用还可以帮助树木调节体温。当树木在炎热的天气中蒸腾时，水分会蒸发成水蒸气，吸收了大量的热量，从而使树木的温度得到降低。

为了模仿蒸腾作用，科学家们专门研发了一种遍布小孔的材料，就像树叶那样。这种材料既能排汗，又能保持恒温，因此被用来制作富含科技元素的救生衣、潜水服和绷带等。

来自蝙蝠的灵感

喂，有人在吗……吗……吗？你应该注意到过这种现象吧？在空旷的地方说话，会产生回声。回声对蝙蝠来说至关重要，科学家们也从回声现象中获得了重要的启发。

你知道吗？

声音频率的单位是赫兹（Hz）。根据年龄的不同，人耳可感知到的声音频率范围为 20 赫兹到 20000 赫兹。但蝙蝠发出的叫声频率高达 120000 赫兹，所以我们人类听不见蝙蝠发出的叫声。

探测环境的妙招

蝙蝠是如何利用回声的呢？当蝙蝠发出声音后，声音会被周围的物体反射，再传回到蝙蝠的耳朵里。通过测量发出声音与听到回声之间的时间差，蝙蝠就能判断周围物体的大小、所在的位置，以及障碍物是否在移动等。这种方法被称为回声定位，蝙蝠通过这种方法来导航和觅食。

弄出点儿声响吧

声呐，即声音导航与测距的简称，它是人类发明的回声定位技术。当声波被发射出去后，科学家们通过声波返回的方式和花费的时间来测算相关信息。一开始，人们发明声呐是为了用它在航行中定位冰山。如今，声呐的用处非常广泛，人们用它来排雷，绘制海底地图，给孕妇做超声波检查等。由于声音在水中的传播速度比较快，所以声呐特别适合用来开展水下探测、定位和跟踪。

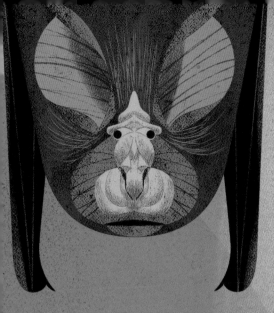

你知道吗？

绝大部分蝙蝠通过舌头或喉咙发声，从而进行回声定位。然而，有些蝙蝠却不是这样的，比如菊头蝠是用鼻子发声。菊头蝠的鼻孔就像迷你扩音器那样，能放大声音！

大大的耳朵

你觉不觉得，蝙蝠长得有点儿吓人，或者更准确地说，它的耳朵大得吓人？其实，蝙蝠的大耳朵大有用处，它能更好地接收声音。为了能听得更清楚，菊头蝠可以在短短的0.1秒内改变耳朵的形状。由于蝙蝠发出的声音太尖锐了，为了自保，蝙蝠会缩紧耳朵，免受同伴的高音"残害"。

耳听八方的雷达

雷达是指无线电探测和测距，它的工作原理跟回声定位相似，只不过使用的并非声音，而是无线电波。无线电波的传播速度更快，在恶劣的天气状况下依然能很好地工作，就算是水中相距遥远的物体也能通过无线电波产生连接。雷达的用处很广泛，常用于绘制行星地图和给飞机导航等。

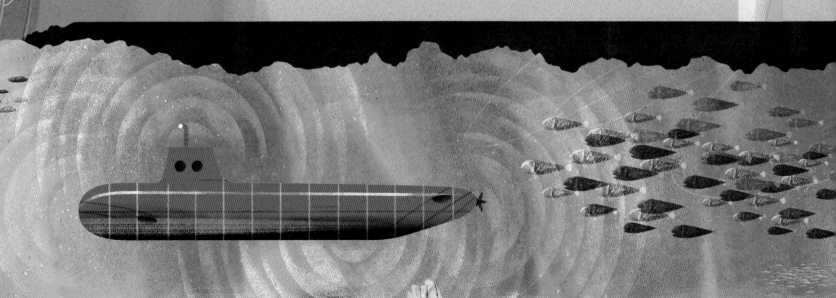

鸟儿和蜜蜂

"物竞天择，适者生存"——看到这句话，你可能会
以为，大自然里所有物种之间都是残酷的竞争关系。但其
实大自然里也充满互助与合作……

小巧的舞蹈达人

对蜜蜂而言，能轻松地进行交流非常重要。因为在不同季节，甚至
不同日子里，食物的来源都可能发生变化。当侦察蜂发现蜜源时，它会
通过跳舞的方式来通知蜂巢里的伙伴。蜜蜂跳起圆圈舞、摇摆舞等不
同舞种，以准确地传达蜜源的地点、距离和食物的数量。

为了掌握信息，采集蜂会模仿侦察蜂的舞蹈，直到能记住舞姿并
找到蜜源。采集蜂飞回蜂巢后，也会向其他伙伴重复舞蹈。

鸟村鸟语

土耳其有个名叫 kuskoy 的村子，又被称为"鸟村"。从前这里没有电话，且坐落在崇山峻岭间，当地人就通过吹口哨进行交流，这种方式又被称为"鸟语"。如今，当地人已习惯用电话进行远程交流，会说这种"鸟语"的人仅剩约10000人了。

靠叫声自食其力

鸟类能发出自然界最复杂的声音，它们用这些声音来吸引配偶，捍卫领地。鸟类还能识别不同物种的叫声，甚至还能区分同一物种不同个体的叫声。

互联网蜂巢

你知道吗？互联网上的所有信息都存储在被称为"服务器"的大型计算机上，我们在家里或学校里使用的电脑被称为"客户端"，服务器和客户端之间存在连接并能传送信息。研究人员从蜜蜂跳舞中得到灵感，找到了提高网络服务器处理高负载通信量效率的新方法：为网络服务器开发一种虚拟的"跳舞层"来处理超负载情况。当服务器接收到一位用户访问某网页的请求，一个内置的广告就被放置在跳舞层上，以将访问者吸引到任何可用的服务器上。

神奇的"树联网"

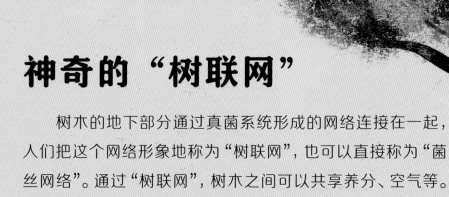

　　树木的地下部分通过真菌系统形成的网络连接在一起，人们把这个网络形象地称为"树联网"，也可以直接称为"菌丝网络"。通过"树联网"，树木之间可以共享养分、空气等。这为人类增进彼此交流提供了很好的参考案例。

树也有家庭

　　那些树龄更老、体型更大的树，被当作"母树"，它们会照顾那些暂时接触不到阳光或者树根还无法深扎土壤吸收水分的幼苗。当母树死掉后，它们体内储存的碳会释放出来，成为周边幼苗的养分。母树还会发出防御信号，帮助幼苗应对危险。通过这种家人般的相互扶持，有利于树木蔚然成林，日渐壮大。

树的小把戏

当金合欢树的叶子被动物啃食时，会散发出一种特殊的气体，警告其他叶子快速分泌大量单宁。人们平时喝的咖啡和茶里都含有单宁，对食草动物而言，大量单宁有致命危险。

不过，爱吃树叶的长颈鹿也学聪明了。它们会专门挑那些长在逆风处的叶子吃，因为长在那些地方的叶子受风的影响收到警告信号会慢一步。

在叶脉里穿行

叶脉就像是树木体内的高速公路，能快速运输水分和养分。虽然我们通常会认为，如果要从 A 地走到 B 地，最佳路径是走直线，但从长远来看，绕行和环形路径会更好。人们在规划城市的用水、用电时，也许能从叶脉中得到启发和灵感。

"树联网"给我们的启示

我们的生活中遍布各种各样的网络，比如互联网、电网、供水网等。如今，这些网络越来越智能化，具备了应对突发状况的能力。人们可以从"树联网"中找到方法，使我们生活中的各种"网络"连接起来为我们提供更便利的生活方式。

一起来创造吧！

在本书中，你读到了许多人们从天空中汲取灵感以创造新事物的故事。不过，书中提到的那些仿生发明很多尚未大规模地生产应用，因为它们要么造价太高，要么太难生产，人们正在想办法攻克这些难题。也许，在不久的将来，树叶那样的太阳能电池板将出现在你家，成为你家的电力来源；你房间里的灯会像萤火虫发光那样，让能量 100% 变成光；而你的身上则穿着如同蝴蝶翅膀那样，在不同角度和光线下呈现不同颜色的衣服。

当然，前方的路还很长很长。人们会创造越来越多的发明，已有的发明也会被不断更新。而这一切，都需要那些对世界充满好奇的人——他们能从微小的细节里看到宏大的前景。也许，你就是这样的人！

来吧，放飞你的想象力，让它尽情驰骋吧！

术语园地

滑翔机

　　指没有引擎的飞行器，凭着自身重力或利用气流在空中飞行。

扑翼机

　　指机翼能像鸟和昆虫翅膀那样上下扑动的重于空气的航空器。

气流

　　指空气从一个地方流动到另一个地方。

空气阻力

　　指空气对运动物体产生阻碍，使其减速的力，有时也直接被称为阻力。

力

　　指物体之间的相互作用，是使物体获得加速度和发生形变的外因。

升力

　　向上的力。

推力

　　推动物体向前运动的力。

重力

　　指由于地球的吸引，而使物体受到的向下的力。

流线型

　　指头圆尾尖的外形，具备这种外形的物体在气体或液体中移动更顺畅。

上升气流

　　指在机翼的作用下，向上流动的气流。

受电弓

　　指将列车和高架电缆连起来的设备，使列车能从高架电缆中获得电力。

甲烷

　　自然界中广泛存在的一种气体，无色无味且可燃，是天然气的主要成分。

定点跳伞

　　指背着降落伞或身着翼装，从高楼、天线塔、大桥等人造建筑或悬崖上一跃而下。

无人机

　　指无人驾驶的飞行器。

"太空漫游者"

　　能在外星球陆地收集科学数据，并将数据发送回地球的火星机器车。

宝塔

　　佛教建筑物，有七宝装饰的塔状结构寺庙。

斗拱

　　指中国古代建筑中常用的木构件。

光合作用

　　指植物利用阳光，把二氧化碳和水转化为葡萄糖，并释放出氧气的过程。

紫外线

一种人眼看不见的光,自然界的主要紫外线光源是太阳。

化石燃料

指古代动植物遗骸形成的不可再生的燃料资源,比如煤或石油。化石燃料通过燃烧释放能量。

二氧化钛

也被称为钛白粉,是一种用于涂料、油漆、化妆品等物品里的化学物质。

生物发光

指生物自然发光的现象。

霓虹灯

充有稀薄氖气或其他稀有气体的通电玻璃管或灯泡,通电时发出红色、蓝色或其他颜色的光。

LED

发光二极管的简称,这种灯可高效地将电能转化为光能。

(昆虫)腹部

腹部是昆虫的第三体段,前端紧接胸部,末端有肛门和生殖器等器官。

口器

指昆虫往外突出的嘴。

角质层

指皮肤的最外层部分。

视野

指生物的眼睛能看到的空间范围。

小眼

昆虫复眼的组成部分。

折射

指光线、声波在传播过程中遇到物体阻挡而改变方向的现象。

眩光

刺眼的,可引起视觉功能下降的光。

软骨

指身体里一种柔韧的纤维结缔组织,主要存在于关节和脊椎部分。

舌骨

指舌中的骨头,位于颈部,在颌骨与喉之间支持舌头。

蒸发

指水由液态变为气态的过程。

蒸腾作用

指植物体内的水分通过叶子蒸发、散失的过程。

回声定位

指利用回声定位物体的方位和距离。

赫兹

频率的单位。

频率

指物体每秒震动的次数或单位时间内完成周期性变化的次数。

声呐

指声音导航和测距，通常利用声波进行深测、定位和通信的技术，常用于水下。

超声波

指频率高于20000赫兹的声波，人耳无法听见。

雷达

指无线电探测和测距，即通过无线电波来发现目标，并测定其速度、位置、方向和距离等。

蜜源

指大片的能供蜜蜂采蜜的植物。

服务器

指在互联网中为其他计算机提供服务、存储信息的计算机，它比普通计算机运行更快。

无线电波

无线电技术中使用的电磁波，可广泛应用于长距离通信、雷达、广播等方面。

客户端

指与服务器相对应，为客户提供本地服务的程序。

碳

一种化学元素，广泛存在于大自然中，生物体内绝大多数分子都含有碳元素。

菌丝网络

指由土壤中的真菌形成的大型网状构造，树木通过这个网络交换营养和信息。

真菌

指独立于动物、植物的另一大类生物，其通常没有叶子、花朵，比如蘑菇。真菌通过寄生或腐生，从其他生物有机体中获取营养。

单宁

一种常见的多酚类化合物，存在于茶叶、葡萄皮等食物里，呈黄褐色，咀嚼后有苦涩的口感。

叶绿素

指植物体中能吸收阳光以进行光合作用的绿色色素。

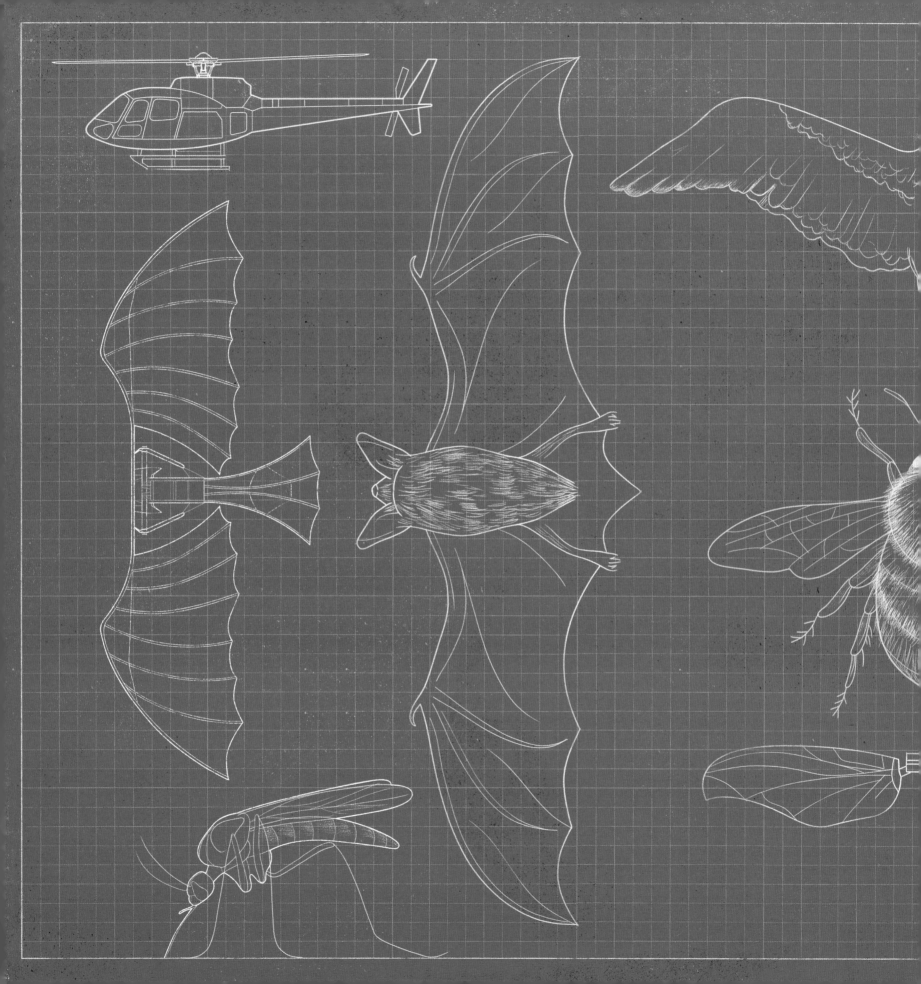